CATALOGUE

DES PLUS EXCELLENS

Fruits, les plus rares & les plus estimés, qui se cultivent dans les Pepinieres des Reverends Peres Chartreux de Paris.

Avec leurs descriptions, & le tems le plus ordinaire de leur maturité.

A PARIS,

Chez JEAN-BAPTISTE DELESPINE, Imprimeur-Libraire ordinaire du Roy, ruë Saint Jacques, à Saint Paul.

M. DCCXXXVI.

Avec Permission.

CATALOGUE

DES PLUS EXCELLENS

fruits, les plus rares & les plus estimés, qui se cultivent dans les Pepinieres des Reverends Peres Chartreux de Paris.

Avec leurs descriptions & le tems le plus ordinaire de leur maturité.

PESCHES.

'Avant Pêche Blanche, est petite, longuette, ne prend point de rouge, ses feüilles sont dentelées ; elle fleurit à grandes fleurs; elle se mange au commencement de Juillet ; elle est estimée à cause de sa primeur ; elle est un peu

A ij

mufquée & l'eau en eft très-fucrée.

L'Avant-Pêche de Troyes, qu'on nomme auffi Avant-Pêche Rouge, eft plus groffe que l'Avant-Pêche Blanche; elle eft un peu plus ronde; elle eft rouge comme le vermillon, fon goût eft relevé & mufqué : elle fleurit à grandes fleurs, & meurit à la fin de Juillet.

La Double de Troyes, ou petite Mignone, eft de moyenne groffeur, affez ronde, elle prend beaucoup de rouge, elle a le goût relevé pareil à celui de l'Avant-Pêche de Troyes, elle fleurit à petites fleurs : fa maturité eft à la fin de Juillet & au commencement d'Août.

L'alberge Jaune a la chair jaune, d'une mediocre groffeur, un peu plus longue que ronde, d'un goût excellent quand on la laiffe meurir parfaitement; elle fleurit à petites fleurs, elle prend affez de couleur; elle fe mange au commencement d'Août.

La Madeleine Blanche, eft ronde, d'une bonne groffeur, fon eau eft fucrée, & vineufe, le noyau en eft petit, elle ne prend prefque point de rouge, elle a fes feüilles dentelées, elle fleurit à grandes fleurs, fon bois a toûjours la moüelle noirâtre : fa maturité eft au commencement d'Août.

La Pourprée hârive, eſt groſſe, ronde, d'un beau rouge, ſon goûr eſt très-fin & délicieux : c'eſt une excellente Pêche, elle fleurit à grandes fleurs: elle ſe mange au commencement d'Août.

La groſſe Mignone, eſt un peu plus longue que ronde : elle a ordinairement un côté plus élevé que l'autre, elle a le noyau aſſez petit, elle eſt belle en couleur, ſon eau eſt très-ſucrée ; c'eſt une des meilleures Pêches, elle fleurit à grandes fleurs, & ſe mange à la mi-Août.

La Chevreuſe hârive ou belle Chevreuſe, eſt d'une bonne groſſeur, elle eſt plus longue que ronde, elle prend un rouge vif, l'arbre charge beaucoup, elle a l'eau douce & ſucrée, elle fleurit à petites fleurs, & ſe mange à la mi-Août.

La veritable Madeleine Rouge, eſt groſſe, aſſez ronde, d'un beau rouge, ſon eau eſt ſucrée & relevée, c'eſt une excellente Pêche : elle fleurit à grandes fleurs, ſes feüilles ſont dentelées profondément : ſa maturité eſt à la fin d'Août ; on la nomme aux environs de Paris Madeleine de Courſon.

Le Pavie Blanc où Pavie Madeleine, ainſi nommé par ſa reſſemblance à la

Madeleine Blanche, par son fruit , ses fleurs, & ses feüilles. Il ne quitte point le noyau comme tous les Pavies & les Brugnons : il se mange à la fin d'Août.

La Pêche Malte, ressemble beaucoup aux Madeleines par ses fleurs, son fruit & ses feüilles ; elle est très estimée en Normandie, elle prend assez de rouge: sa maturité est à la fin d'Août.

La Chancelliere ressemble beaucoup à la belle Chevreuse pour sa grosseur , sa couleur & son goût, elle est un peu plus ronde, sa peau est très-fine, elle fleurit à petites fleurs : elle se mange à la fin d'Août, & au commencement de Septembre.

La Pêche Cerise, est petite, ronde , la peau lisse, sans poils, d'une couleur blanc clair, & d'un rouge vif du côté du Soleil, sa chair est un peu séche, elle fleurit à petites fleurs ; elle se mange à la fin d'Août.

La Belle-garde ou Gallande, est une Pêche fort grosse, assez ronde, d'un rouge très-foncé, tirant sur le pourpre ; sa chair est très-fine & sucrée, c'est une des excellentes Pêches ; elle fleurit à petites fleurs, & se mange à la fin d'Août, & au commencement de Septembre, elle n'est pas encore fort commune.

La Petite Violette hâtive eſt liſſe, de moyenne groſſeur, aſſez ronde, ſa chair très-fondante & très-vineuſe, ſa couleur eſt d'un beau violet du côté du Soleil, elle fleurit à petites fleurs : elle meurit au commencement de Septembre.

La groſſe Violette hâtive, eſt tout à fait ſemblable à la moyenne par ſes fleurs & ſa couleur, elle eſt auſſi fondante, mais pas ſi vineuſe, elle eſt une fois plus groſſe, c'eſt une bonne Pêche : ſa maturité eſt au commencement de Septembre.

La Bourdine, eſt d'une bonne groſſeur, aſſez ronde, d'un beau rouge, elle eſt vineuſe, eſtimée pour une excellente Pêche, l'arbre en plein vent charge beaucoup, elle fleurit à petites fleurs, & ſe mange au commencement de Septembre.

La Roſſanne reſſemble en tout à l'Alberge jaune par ſa couleur, ſa chair & ſa fleur, mais elle eſt beaucoup plus groſſe, & moins ronde : ſa maturité eſt au commencement de Septembre.

L'admirable eſt groſſe & ronde, prend aſſez de rouge, ſa chair eſt délicate, elle fleurit à petites fleurs, l'eau en eſt ſucrée, elle eſt très-eſtimée ; elle ſe mange au commencement de Septembre.

A iiij

La Belle de Vitry, eſt une eſpece d'Admirable, elle eſt plus ronde que longue, ne prend pas beaucoup de rouge, ſon eau eſt excellente, elle fleurit à petites fleurs, & ſe mange à la mi-Septembre.

La Pêche Teindou, eſt groſſe, aſſez ronde, prend un rouge-tendre, ſon eau eſt délicate, elle fleurit à petites fleurs, & n'eſt pas fort connuë : elle ſe mange à la fin de Septembre.

Le Brugnon Violet muſqué, eſt liſſe, reſſemble par ſa figure à la groſſe Violettehâtive, mais un peu plus rond, il ne quitte pas le noyau, il devient excellent quand on le laiſſe meurir juſqu'à ce qu'il ſe détache de l'arbre, il fleurit à grandes fleurs, & ſe mange en Septembre.

Le Teton de Venus, ainſi nommé, parce qu'elle a une tette au bout plus groſſe & plus longue qu'aucune autre pêche, reſſemble beaucoup à l'Admirable, elle n'eſt pas ſi groſſe ni ſi ronde, ſa chair eſt excellente, elle fleurit à petites fleurs : ſa maturité à la fin de Septemb.

La Chevreuſe tardive, qu'on appelle auſſi pourprée, eſt groſſe, & plus longue que ronde, elle prend un très-beau rouge, ce qui l'a fait nommer Pourprée, ſon eau & ſa chair ſont ex-

cellentes, elle fleurit à petites fleurs : Elle meurit à la fin de Septembre.

La Nivette veritable, est d'une belle grosseur, un peu plus longue que ronde, prend du rouge, son goût est relevé, son eau est sucrée, c'est une des meilleures Pêches, elle a le noyau petit, & fleurit à petites fleurs : Elle se mange à la fin de Septembre.

La Royale, est grosse, ronde, prend beaucoup de rouge, son goût est relevé & son eau est sucrée, elle ressemble beaucoup à l'Admirable, mais plus tardive, elle fleurit à petites fleurs, & meurit à la fin de Septembre.

La Pourprée tardive, est grosse, ronde, prend un beau rouge, le goût est relevé, l'eau douce, le noyau assez petit, le bois gros, la feüille très-grande, mal unie, sa fleur petite : elle se mange à la fin de Septembre & au commencement d'Octobre.

La Persique est très-grosse, plus longue que ronde, d'un beau rouge, d'un goût délicat, elle a des petites bosses, & un morceau de chair à la queuë, elle charge beaucoup, fait un bel arbre très-vigoureux, fleurit à petites fleurs, se mange à la fin de Septembre & commencement d'Octobre, elle devient

A v

moins groſſe ſur les jeunes arbres. La plûpart des Jardiniers la confondent avec la Nivette.

La Violette tardive, ou marbrée eſt de moyenne groſſeur, un peu plus lon-gue que ronde, elle eſt bonne dans les Automnes chaudes & ſéches, elle fleu-rit à petites fleurs, & ſe mange au commencement d'Octobre.

L'Abricotée ou l'Admirable jaune, a la figure de l'Admirable ordinaire pour ſa groſſeur & ſon rouge, ſa chair eſt comme celle de l'Abricot, ſon goût eſt eſtimé, c'eſt une bonne Pêche pour ſa ſaiſon, elle fleurit à petites fleurs, & ſe mange à la mi-Octobre.

La Pêche de Pau eſt aſſez ronde, aſſez groſſe, prend du rouge, eſt aſſez bonne pour ſa ſaiſon, elle fleurit à petites fleurs, ſe mange en Octobre, ſon noyau eſt ſujet à ſe fendre.

Le Pavie rouge de Pomponne, ou monſtrueux, eſt rond, il eſt d'un rou-ge incarnat : ſon goût eſt muſqué, ſon eau ſucrée, il ne quitte pas le noyau qu'il a aſſez petit pour la groſſeur de ſon fruit, qui eſt ordinairement de quatorze pouces de circonference, il fleurit à grandes fleurs ; il ſe mange à la fin de Septembre, & au commence-ment d'Octobre.

Il y a encore plusieurs especes de
Pêches qui sont plus curieuses que bonnes , comme la Pêche à fleur double, la
Pêche Sanguinolle qui a la chair toute
rouge,& qui n'est excellente qu'en compotes.

Il y a aussi le petit Pêcher Nain qu'on
met en caisse , pot où vase , & que l'on
sert sur la table avec son fruit qui n'est
pas bon.

Il faut remarquer que les Pêches ne
viennent pas si grosses ni si bonnes sur
les jeunes Pêchers , que sur un vieux
arbre vigoureux.

ABRICOTS.

L'Abricot hâtif musqué , autrement
l'Abricot précoce , est petit , rond ,
prend beaucoup de rouge, a les feüilles larges, dentelées & d'un beau verd ,
il est estimé pour sa primeur.

L'Abricot Angoûmois , est d'une
moyenne grosseur, plus long que rond ,
il est plus coloré que les Abricots ordi-
naires , sa chair est plus rouge, fondante & vineuse , son bois & ses feüilles sont particulieres , il a l'amende
douce comme une aveline , il n'est pas
commun.

L'Abricot Blanc reſſemble en tout au précoce, ne prend pas de rouge, ſa chair eſt délicate & blanche, & a le goût de Pêche.

Le gros Abricot ordinaire eſt aſſez connu, ſans le décrire, c'eſt le meilleur de tous, ſa beauté & ſa groſſeur dépend du bon fond & du ſujet ſur lequel on le greffe.

Il y a pluſieurs autres ſortes d'Abricots, qui font preſque autant de varietés qu'on ſeme de noyaux.

CERISES.

La Ceriſe précoce eſt petite, très-rouge, la chair a un peu d'acide, néanmoins fort eſtimée par ſa primeur, elle meurit au commencement de Juin, il faut la mettre en Eſpalier au midy.

La Ceriſe à courte-queuë ou de Montmorency, eſt groſſe, ronde, d'un goût excellent, le bois eſt menu, les feüilles petites, & charge par bouquet.

La Ceriſe blanche, eſt plus longue que ronde, de couleur ambrée; ſon eau eſt douce & ſucrée, ſes feüilles reſſemblent à celles du Guignier.

Le Bigareau eſt plus long que rond, blanc d'un coté & rouge de l'autre, le

gros est le meilleur , il a la chair ferme & sucrée.

La grosse cerise est ronde , très-rouge, l'eau douce, le bois est gros & les feüilles larges , l'arbre charge mediocrement , c'est une bonne Cerise.

La Griote est une espece de Cerise , grosse , noire , fort douce; le bois gros, la feüille large & d'un verd foncé.

La Cerise Royale est grosse , assez ronde , d'un rouge noir , l'eau est douce sans acide , son bois est assez gros, sa feüille large & fort dentelée ; c'est une excellente Cerise , elle n'est pas commune , les Anglois la nomment *Cherry-Duke.*

Il y a encore plusieurs especes de Cerises plus curieuses que bonnes , comme la Cerise à bouquet, qui porte quelquefois huit , dix & douze Cerises sur un même pedicule.

La Cerise à grappes qui fleurit toûjours en poussant , de sorte qu'il y a des fleurs , du fruit noüé, du verd & du mûr ; il y en a jusqu'aux gelées , on la nomme Cerise tardive , il y a aussi pour la curiosité, le Cerisier & le Merisier à fleur double , ce dernier est charmant en fleurs.

P R U N E S.

La jaune hâtive , ou Prune de Caraloche, est petite, longuette, l'eau douce; elle est estimée à cause de sa primeur, elle meurit au commencement de Juillet, on la met en Espalier au midy.

Le gros Damas de Tours est de moyenne grosseur, assez rond, d'un beau violet, la chair jaune, quitte le noyau, il est estimé pour sa bonté, il est hâtif.

La Prune de Monsieur est grosse, ronde, violette, quitte le noyau, elle est assez bonne dans les terres legeres & chaudes.

La Mirabelle est petite, ronde, de couleur d'ambre lors qu'elle est mûre; elle quitte le noyau, elle est bien sucrée, c'est une excellente Prune en confiture.

Le Damas violet est longuet, très-sucré, quitte bien le noyau, c'est une bonne Prune.

La Diaprée violette est longuette, très-fleurie, quitte le noyau, elle passe pour une bonne Prune.

Les Damas rouges, & blancs, sont ronds, quittent le noyau, sont très-sucrés & estimés.

Le Damas de Maugeron est violet, gros, rond, quitte le noyau, il est très-bon & estimé.

Le Damas d'Italie est une Prune

ronde, d'un violet brun, elle eſt très
fleurie, elle a l'eau ſucrée, quitte le
noyau ; c'eſt une des bonnes Prunes.

L'imperiale Violette eſt groſſe,
longue, très-fleurie, de la figure d'un
œuf de poule, ſon eau eſt très-relevée
& ſucrée, elle eſt eſtimée.

Le Damas muſqué eſt petit & plat,
bien fleuri, il eſt muſqué, & quitte le
noyau.

La Royale eſt groſſe, ronde, d'un
rouge clair, elle eſt bien fleurie ; elle
a un goût fort relevé, ſemblable au
Perdrigon.

Le Perdrigon violet eſt une Prune
plus longue que ronde, d'un beau
violet, elle eſt d'un goût fort relevé,
elle eſt auſſi eſtimée cruë que confite,
elle ne quitte pas le noyau.

Le Perdrigon blanc eſt de même
figure & groſſeur que le violet : il
quitte le noyau, il eſt auſſi excellent
crû que confit.

Le Drap d'or eſt une eſpece de Damas, petit, rond ; ſa peau eſt jaune,
marquetée de rouge, il eſt d'un goût
très-fin & ſucré, c'eſt une bonne Prune.

La groſſe Reine-Claude, ou Dauphine, à Tours l'Abricot verd, à Roüen
la verte bonne, en d'autres endroits
Damas Verd, & Trompe-Valet, eſt

grosse, assez ronde, elle est verte &
prend un peu de rouge au soleil, son eau
est très-sucrée & abondante, & c'est une
des plus excellentes Prunes; elle ne quitte point le noyau, son bois est gros &
lisse de couleur brune, & a de gros yeux,
ses feüilles sont larges d'un verd foncé.

La petite Reine-Claude est blanche,
ronde, plus petite que la Dauphine,
quitte le noyau, elle est un peu seche, son
eau est très-sucrée, sa chair est ferme,
son bois est plus menu verdâtre &
couvert d'un petit duvet, ses feüilles
d'un verd luisant; le fruit, le bois & la
feüille de ces deux Prunes sont très-
differens; neanmoins on confond l'une
avec l'autre.

La Jacinthe est toute semblable à
l'Imperiale violette, un peu moins
longue & aussi grosse, de même goût
& couleur.

L'Abricotée est une Prune blanche
d'un côté & un peu rouge de l'autre,
elle est plus longue que ronde, d'une
bonne grosseur, elle quitte le noyau,
elle est très-estimée : Il y a une Prune
qu'on nomme la Prune d'Abricot, qui
a la chair comme l'Abricot, elle est
plus seche que l'Abricotée.

La Sainte-Catherine est blanche,
plus longue que ronde, prend la cou-

leur d'Ambre, son eau est très-sucrée,
elle est excellente cruë & en confiture.

Le Damas de Septembre, Prune de
Vacance ou de Retenuë, est violette,
un peu longuette, quitte le noyau,
elle meurit après les autres, c'est son
principal merite, elle charge beaucoup.

L'Imperatrice, que l'on nomme en
Flandres, Prune de Princesse & d'Al-
tesse, est petite, longuette, d'un beau
violet, a la chair jaune, très-tardive, on
en mange encore en Novembre, elle
est fort bonne pour une Prune de cette
saison; elle n'est pas fort connuë.

Il y a encore des Prunes qui sont curieuses, comme la Prune à fleur double, qui est grosse, verte, charge peu
& n'est pas excellente, & la Prune sans
noyau qui est noire, petite & rare.

POIRES D'ETE',
D'Automne et d'Hyver.

Le Petit-Muscat ou Sept-en-gueule,
est petit, rond, il a l'odeur de musc
& le goût très-relevé, il vient par bouquet, il est fort estimé à cause de sa
primeur, il est demi beuré : sa maturité est au commencement de Juillet.

L'Aurate est aussi excellente que le
Petit-Muscat, elle est six ou sept fois
plus grosse, elle prend du rouge du
côté du Soleil, c'est une très-bonne

Poire, elle n'est pas encore fort connuë, elle est presque aussi hâtive que
le Petit-Muscat.

La Poire de Madeleine ou Citron
des Carmes, est de moyenne grosseur,
un peu plus longue que ronde, de
couleur jaunâtre, son eau est douce,
& fort bonne, mais elle est sujette à
cotonner, demi fondante : elle meurit
ensuite de Laurate.

Le Muscat-Robert, autrement Poire
à la Reine, ou Poire d'Ambre, est
presque aussi grosse que l'Aurate, plus
ronde, sa peau lisse & jaune, sa chair
tendre, c'est-à-dire ni beuré ni cassante,
d'un goût sucré très-relevé, son bois
est jaune & sa feüille large:mi-Juillet.

La Cuisse-Madame est longue &
menuë vers la queuë, sa peau est jaune & rouge, l'eau très-sucrée, elle est
demi beuré : en Juillet.

La Bellissime ou Supreme est de bonne grosseur, a la figure d'une grosse
figue, sa couleur est jaune foüetté de
rouge, sa chair est demi beuré, de bon
goût, l'eau douce, il la faut cuëillir
un peu verte étant sujette à cotonner,
en Juillet.

Le Gros-Blanquet ou Blanquette est
plus long que rond, de moyenne grosseur, la peau licée, l'eau sucrée & re-

levée, la chair caſſante, le bois eſt gros & la feüille large, fin de Juillet.

Le Blanquet à longue queuë eſt plus petit que le gros, de même figure, ſa chair demi caſſante, ſon eau ſucrée, elle eſt très-eſtimée :: commenc. d'Aouſt.

L'Epargné ou de Beau-Preſent ou de Saint-Samſon eſt groſſe, longue, verdâtre, prend un peu de rouge, ſa chair eſt un peu âpre & caſſante, elle a la queuë longue : fin de Juillet & commencement d'Aouſt.

La Poire Sans-Peau, ou Fleur de Guigne, eſt de la figure du Rouſſelet, de couleur verdâtre, ſa chair eſt fondante, d'un goût parfumé, c'eſt une excellente Poire; elle a ſon bois long & droit.

Le Rouſſelet hatif, ou Poire de Chipre, ou Perdreau, eſt petite, ronde, de la couleur du Rouſſelet. Sa chair demi beurée ; l'eau parfumée. Elle eſt ſujette à molir, ſi on ne la cüeille un peu verte.

L'Ognonnet, Amiré-roux, ou Archiduc d'Eté, eſt ronde, platte, de couleur blanchâtre, & un peu rouge. La queuë courte; ſa chair demi caſſante, & d'un goût roſat: fin de Juillet & commencement d'Août.

L'Epine-Roſe, ou Poire de Roſe,

eſt une fois plus groſſe que l'Ognonnet ;
à la même figure, le même goût, la
quenë plus longue, le bois plus gros,
& la feuille plus grande. Elle eſt plus
tendre, & demi fondante. Commencement d'Août.

La Bergamotte d'Eté, ou Milan de
la Beuvriere, eſt bonne, reſſemble à
la Bergamotte d'Automne ; plus groſſe.
Elle eſt demi beurée, eſt ſujette à cotonner, ſi on ne la cüeille un peu verte. Le bois & les feuilles ſont farineu-
ſes. Commencement d'Août.

L'Orange rouge eſt ronde, ſemblable à une Orange par ſa figure, d'un
fond gris, & d'un rouge de corail ;
l'eau bien ſucrée ; un peu caſſante &
muſquée. Il la faut prendre un peu
verte, pour qu'elle ne ſoit point coton-
neuſe. Août.

L'Orange muſquée eſt de même figure que la précédente ; mais moins
groſſe & plus verte ; ne prend preſque point de rouge. Elle eſt caſſante ;
mais eſtimée pour ſon muſc agréable.
Sa maturité eſt de même que la rouge.

Le Salviati eſt de moyenne groſſeur,
rond, beau & jaune ; prend un peu
de rouge au Soleil, eſt excellent, ſon
eau eſt ſucrée & parfumée, il eſt demi
beuré, ſans marc. Il eſt bon au ſucre ;

on en fait auſſi du Ratafiat. Août.

La Chair-à-Dame eſt de moyenne groſſeur, aſſez ronde, griſe, de couleur izabelle, prend un peu de rouge ; ſa chair n'eſt pas fine, elle eſt demi caſſante. Août.

La Caſſolette, Friolet, Muſcat verd, Lechefrion, eſt de moyenne groſſeur, ni longue, ni ronde ; elle eſt verdâtre, ſon eau muſquée & ſucrée. Elle eſt caſſante & tendre ; l'arbre charge beaucoup, elle ſe garde aſſez pour un fruit d'Eté. Août.

Le Roi d'Eté a la figure & la couleur du Rouſſelet ; mais il eſt quatre fois plus gros, un peu plus pointu vers la queuë ; ſa peau eſt rude & marquetée de petits points gris, ſa chair n'eſt pas fine, ſon eau eſt bonne, & un peu parfumée, demi caſſante. Août.

La Róbine, ou Royale d'Eté, eſt petite, ronde, jaune ; elle eſt très-muſquée & ſucrée, & eſtimée des curieux, demi caſſante, charge par bouquet. Elle vient plus groſſe ſur le Coignaſſier, que ſur le Franc. Août.

Le Rouſſelet de Reims, eſt une excellente Poire, tout le monde la connoît : elle meurit fin d'Août & commencement de Septembre.

L'inconnu Cheneau, ou Fondante

de Breft, quoiqu'on la nomme fondante, elle ne l'eft pas, elle eft caffante,
plus longue que ronde, jaune d'un côté & rouge de l'autre, fon eau eft fucrée & relevée, elle charge beaucoup,
fon bois pouffe gros, & jamais droit.
Fin d'Août & commencement de Septembre.

Le Bon-Chrétien d'Eté mufqué, eft
une Poire d'une groffeur raifonnable,
longue, fa peau eft jaune, liffée, foüiet-
tée de rouge, quand on la découvre,
fa chair eft parfumée & caffante. Quoiqu'on le nomme Bon-Chrétien, ni fon
bois ni fes feuilles n'en ont le caractere,
la Poire en a feulement la figure.

Le Bon - Chrétien d'Eté, ou Gra-
cioli, eft gros, long, liffé, jaune,
fon eau eft très-fucrée, il eft demi caf-
fant; quoiqu'il ne foit pas générale-
ment eftimé, c'eft une bonne Poire,
femblable au Bon-Chrétien d'Hyver
pour fa figure, elle eft excellente en compotes. Commencement de Septembre.

L'Epine d'Eté, ou Fondante mufquée, en Italie Bugiarda, eft d'une
bonne groffeur, longue, fa peau liffée & verdâtre, fa chair fondante, relevée & parfumée. C'eft une excellente
Poire. Loüis XIV. la nommoit la bonne
Poire. Commencement de Septembre.

La Poire d'œuf ainsi nommée parce qu'elle en a la figure, est d'une bonne grosseur, sa couleur est verdâtre, marquée de points gris; elle est panachée de rouge & de verd du côté du soleil: sa chair est tendre, demi-beuré, & d'un goût très-relevé; elle nous vient d'Allemagne où elle est très-estimée & même assez rare, sa maturité est au commencement de Septembre.

L'Orange Tulippée, ou la Poire aux mouches, est d'une bonne grosseur, assez ronde, verte & rouge du côté du Soleil, sa chair est demi cassante, un peu âpre, mais d'un goût agréable. Commencement de Septembre.

Le Beuré d'Angleterre, ou simplement l'Angleterre, est d'une moyenne grosseur, un peu longuette, de couleur grisâtre, sa chair est demi beurée & fondante, d'un goût relevé, elle est sujette à molir, si on la garde quelque tems. Septembre.

Le Beuré est une grosse Poire, connuë de tout le monde, elle est belle à voir: il y en a de grises & de rouges, qui ne font qu'une espece; son beuré est si fondant, qu'elle en porte le nom, elle est d'un suc & d'un fumet admirable. C'est une des plus excellentes Poires. Elle devient toûjours grise sur les arbres vigoureux & fur le Franc. Fin de Septembre & commencement d'Octobre.

La Verte longue, ou Moüille bouche ordinaire, eft longue, & verte, même étant mûre, elle eft très-fondante, d'une eau excellente dans les terres chaudes, elle n'eft pas fi bonne dans les terres froides & humides, charge beaucoup. Commencement d'Octobre.

La Verte longue pannachée, ou Suiffe, n'eft différente de la précédente, que parce qu'elle eft rayée de verd, de jaune & de rouge. elle eft très-fondante, & a le même goût; fa maturité eft de même, fon bois eft panaché de jaune.

Le Doyenné, ou Beuré blanc, Saint Michel de bonne - Ente, eft gros, jaune comme un Citron, lorfqu'il eft mûr il eft très-beuré, fon eau fucrée, il eft bon dans les années feches, & a un bon fumet, l'arbre charge beaucoup, il le faut manger un peu vert, autrement il devient cotonneux. Octobre.

Le Bezy de la Mote eft gros, reffemble pour fa figure au Doyenné, il n'eft pas fi jaune, fa chair eft fondante & douce. C'eft une bonne Poire. Octobre.

Le

Le Messire Jean est une grosse Poire.
Il y en a de gris & de dorez : il est d'un
goût exquis, sa chair est cassante,
& pierreuse, son eau très-relevée ; il
est fort estimé. Il en est de sa varieté
comme de celle des Beurez. Octobre.

La Bergamotte Suisse est d'une bonne grosseur, ronde, platte, licée, panachée de verd, de jaune & de rouge,
est beurée, fondante & sucrée : le
bois est pannaché. C'est une excellente
Poire. Octobre.

La Bergamotte d'Automne, est
grosse, platte, lissée, jaune, en meu-
rissant, elle est beurée & fondante : elle
fait un bel arbre : l'Espallier lui con-
vient mieux que le buisson, où il devient toûjours galleux. Octobre.

Le Sucré-verd est assez gros, plus
rond que long, sa peau lissée & verte,
il est très-beuré & très-sucré. L'arbre
charge beaucoup, & par bouquet, &
fait un gros bois. Octobre.

La Poire de Vigne ou de Demoiselle
est petite, assez ronde, grise-brune,
la queuë fort longue, est fondante,
d'un goût fort relevé, elle est sujette à
mollir, quand on la laisse trop meurir.
Octobre.

La Poire de Lansac, ou Dauphine,

que plufieurs Auteurs nomment Satin, eft ronde, fa peau eft jaune & liffée, fon eau eft fucrée, fa chair fondante, & a un petit fumet agréable. Fin d'Octobre. Elle fut préfentée pour la premiere fois à Loüis XIV. lorfqu'il étoit Dauphin, par Madame de Lanfac pour lors fa Gouvernante.

La Franchipanne ou Dauphine, eft plus longue que ronde, d'une bonne groffeur, fa peau eft liffée & jaune; elle eft demi fondante & bonne, fon eau eft douce & fucrée, elle a le goût de Franchipanne. Fin d'Octobre.

La Belliffime d'Automne, ou Vermillon, eft de la figure de la Cuiffe-Madame, elle eft plus groffe, & a le même goût, elle eft fucrée, & caffante. Elle eft très-bonne, quand elle eft bien mûre. Fin d'Octobre.

La Jaloufie eft groffe, un peu pointuë vers la queuë, d'une couleur grifâtre, femblable au Martin fec, elle a beaucoup d'eau, elle eft fujette à mollir, fi on ne la cuëille un peu verte. Fin d'Octobre.

La Rouffeline eft longue, pointuë vers la queuë qu'elle a très-longue, elle a beaucoup de rapport au Rouffelet pour fa couleur : elle eft fucrée, muf-

quée, & demi beurée. Novembre.

La Marquise est grosse, ressemble au Bon-Chrétien d'Hyver par sa figure, elle est un peu plus pointuë vers la queuë, sa peau est verte, elle vient jaune en mûrissant : elle est beurée & fondante, son eau est sucrée & un peu musquée. C'est une Poire excellente, elle fait un bel arbre. Novembre.

Le Bon-Chrétien d'Espagne est de même figure que le Bon-Chrétien d'hyver. Il est beau & rouge; sa chair est seche & cassante. Il est estimé pour servir sur table, & pour les compotes. Novembre.

La Loüise bonne est grosse, plus longue que ronde, de couleur blanchâtre, sa peau lissée & douce : elle est demi beurée, son eau est douce dans les terres seches, elle a un fumet agréable; elle fait un bel arbre. Novembre.

La Crasane, ou Bergamotte Crasane, est grosse, ronde, d'un gris verdâtre : elle jaunit un peu en mûrissant, elle est très-fondante, son eau sucrée, & un peu parfumée; elle a une âpreté qui est agréable au goût, elle est très-estimée. C'est une bonne Poire. Novembre.

L'Epine d'hyver est d'une bonne grosseur, plus longue que ronde : elle est verte, elle jaunit un peu en mûrissant ; elle est très-fondante, un peu musquée & beurée : elle a le goût plus fin, greffée sur le Coignassier, que sur le Franc, & dans les terres seches & chaudes. Novembre.

La Merveille d'hyver, ou petit Oïn, est d'une bonne grosseur, d'une figure inégale, n'étant ni ronde, ni longue : elle est verdâtre, sa chair est fondante, & d'un beuré très-fin, & l'eau très-agréable : l'arbre réussit mieux sur le Franc que sur le Coignassier. Novembre.

La Pastorale, ou Musette d'Automne, est longue & d'une bonne grosseur ; sa peau est grisâtre, sa chair est demi fondante, un peu musquée. C'est une bonne Poire : elle se garde jusqu'en Décembre.

Le Martin sec est plus long que rond, sa peau est grise, prend beaucoup de rouge au Soleil, sa chair est cassante, son eau est sucrée, d'un goût agréable : il se garde jusqu'en Fevrier ; il est aussi estimé crû que cuit.

La Virgouleuse est grosse, longue & verte ; elle jaunit en mûrissant : elle est beurée & fondante. C'est une des,

meilleures Poires ; tout le monde la connoît par son excellente bonté : elle fait un arbre superbe, tant par son bois, que par ses feuilles. Fin de Novembre, Décembre & Janvier.

L'Ambrette est de moyenne grosseur, ronde, blanchâtre dans les terres légeres, & grise dans les terres fortes : elle est fondante, son eau est sucrée, relevée & exquise, quand elle est greffée sur le Coignassier ; son bois est toûjours épineux.

La Mansuette ressemble beaucoup au Bon-Chrétien d'hyver par son fruit, son bois & ses feuilles ; elle est moins grosse du coté de l'œil, demi cassante, son eau douce & agréable : & elle est fort estimée en Flandres.

Le Bezy de Chassery ou Leschassery est de moyenne grosseur, rond en ovale, de couleur blanchâtre : il est beuré & fondant : son eau est sucrée & musquée. C'est une des plus excellentes Poires d'hyver. Ses feuilles sont longues & étroites.

La Bergamotte de Soulers est assez grosse, moins platte, & de même couleur que la Bergamotte d'Automne : elle est tachetée de petits points noirs ; elle est beurée & fondante, son eau est sucrée.

Fevrier & Mars.

Le S. Germain est gros, long, il est verdâtre ; il jaunit en mûrissant, est très-beuré & fondant. C'est une excellente Poire : elle se garde jusqu'en Mars, & quelquefois en Avril. Elle fait un bel arbre, & très-vigoureux ; ses feuilles sont longues, elles font le demi cercle recourbé en dessous.

Le Martin-Sire, ou Poire de Ronville, est plus long que rond, d'une moyenne grosseur, verdâtre & lissé, sa chair est cassante, son eau douce : elle se mange en Janvier.

Le Bezy de Chaumontel, qu'on nomme aussi Beuré d'hyver, est assez semblable au Beuré pour sa figure & sa couleur. Il est demi beuré & fondant : l'eau en est sucrée. C'est une bonne Poire. En Fevrier.

La Royale d'hyver, en Italie Spina di carpi, est belle, grosse, plus longue que ronde, de la figure & de la couleur du Bon-Chrétien d'Eté : elle prend du rouge, elle jaunit en mûrissant : sa chair est demi beurée, & fondante, & très-sucrée dans les terres seches & chaudes. Janvier, Fevrier. Le bois est gros, les feuilles larges, qui font le bâteau. Sa greffe fait le bourlet sur le Coignassier.

L'Orange d'hyver a la figure des autres Oranges : elle est blanchâtre, demi cassante, l'eau relevée. Sa maturité est en Mars & Avril.

Le Colmart, ou Poire-Manne, est gros, plus long que rond, blanchâtre, prend un peu de rouge du côté du Soleil : il est beuré & fondant; son eau est sucrée, & d'un goût très-fin. C'est une des plus excellentes Poires d'hyver que nous ayons. Elle se mange en Fevrier, Mars, & quelquefois en Avril.

Le Rousselet d'hyver est de la même grosseur & figure que le Rousselet; sa couleur approche de celle du Martin-Sec : il prend du rouge, il est demi cassant, d'un goût un peu relevé. Sa maturité est en Mars.

Le Bon-Chrétien d'hyver est une Poire ancienne, assez connuë de tout le monde, sans la décrire : elle dure jusqu'au Printems. Il vient plus gros, plus doré, & plus rouge sur le Coignassier que sur le Franc, & plus beau en espallier qu'en buisson.

L'Angelique de Bordeaux, ou Saint Martial, est assez semblable au Bon-Chrétien d'hyver; mais plus platte, & moins grosse; elle est cassante & sucrée : elle se garde fort long-tems.

B iiij

La Bergamotte de Pâques ou d'hyver, est un peu ressemblante à la Bergamotte d'Automne, mais plus longue : elle est demi beurée ; elle se garde long-tems : on en mange encore en Mars.

Le Muscat l'Alleman est une excellente Poire, plus longue que ronde, de la figure de la Royale d'hyver : son bois & ses feuilles en approchent : elle est moins grosse vers l œil, elle est plus grise , & prend plus de rouge au Soleil : elle est beurée , fondante, & un peu musquée. On la mange en Mars, Avril ; il va quelquefois en May.

La Bergamotte de Hollande est assez grosse & ronde, de la figure des Bergamottes : sa couleur est verdâtre, sa chair est demi beurée, & tendre ; son eau relevée. C'est un bonne Poire, qui se garde jusqu'en Juin : elle n'est pas fort connuë.

POIRES EXCELLENTES A CUIRE.

Le Franc-Real est une grosse Poire, un peu longue, verdâtre, marquetée de petits points gris. C'est une Poire excellente en compotes , & à cuire dans la cloche. L'Arbre charge beaucoup : le bois & les feuilles sont farineuses.

La Catillac eſt une très-groſſe Poire blanchâtre , & un peu plus longue que ronde , de couleur griſâtre. Elle eſt très-bonne cuite de toutes façons : ſon bois eſt gros, & ſes feuilles larges.

La Double-Fleur eſt une Poire longue, griſe, rouge du côté du Soleil : ſa fleur eſt très-double ; elle fait plaiſir à voir. Elle eſt excellente à cuire , & ſe garde très-long-tems.

La Poire de Livre eſt fort groſſe, aſſez ronde : elle eſt très-bonne cuite. L'Arbre pouſſe vigoureuſement ; ſon bois eſt fort gros , & ſa feuille très-large.

Il y a encore des Poires qui ſont plus curieuſes qu'excellentes : comme la Sanguinolle, qui eſt rouge dedans. Elle n'eſt eſtimée que par ſa ſingularité : ſa maturité eſt au mois d'Août.

La Poire de Naples eſt aſſez groſſe, un peu longue & verdâtre ; ſa chair eſt demi caſſante, ſon eau douce. Elle ſe mange en Mars : ſes feuilles ſont longues , étroites & ondées , & fort ſingulieres.

POMMES.

La Calville d'Eté, eſt un peu longuette, de moyenne groſſeur, rayée de blanc & de rouge, ſa chair eſt légere

& séche; l'eau assez douce, elle n'est estimée que par sa primeur, elle se mange au commencement de Juillet.

Le Rambour Franc, est une grosse Pomme d'une figure un peu platte, blanche, rayée d'un peu de rouge, elle est excellente cuite principalement en compotes, elle est estimée à cause de sa primeur, elle fait un bel arbre, le bois est fort gros & la feüille très-large.

La Calville Blanche, est une grosse Pomme blanche dedans & dehors, elle est par côtes, sa chair est très-legere & le goût très-relevé, sans aucun acide, elle est fort estimée, son bois est gros, sa feüille large, elle fait un bel arbre, & se garde assez de tems.

La Calville Rouge, est grosse, plus longue que ronde, d'un beau rouge, sa chair très-legere, son goût est vineux, c'est une excellente Pomme, les vieux arbres en produisent de rouges dedans, pourvû qu'elle soit dans une terre forte & froide, elle se garde long-tems.

Le Fenoüillet Gris, ou Pomme d'Anis, est d'une moyenne grosseur, un peu plus longue que ronde, & grisâtre, sa chair est tendre, elle a le goût

d'Anis, elle eſt excellente quand elle eſt un peu fannée, le bois & les feüilles ſont blanchâtres.

Le Fenoüillet Rouge ou Bardin, ou Courpenduë, ſelon M. de la Quintynie, eſt ſemblable à la précédente, mais plus griſe & d'un rouge-brun du côté du Soleil, elle a le même goût, mais plus ſucrée, elle eſt muſquée dans les terres legeres & chaudes.

La Reinette Franche, eſt aſſez connuë, elle eſt groſſe & belle, elle jaunit en meuriſſant, elle eſt tiquetée de petits points gris, elle a l'eau ſucrée, c'eſt une des plus excellentes Pommes tant cruë que cuitte, on en garde juſqu'aux nouvelles, elle eſt eſtimée de tout le monde pour ſa beauté & bonté.

La Reinette Griſe, eſt groſſe, très-bonne, elle a l'eau ſucrée, elle ne ſe garde pas ſi long-tems que la Reinette Franche, elle eſt auſſi eſtimée, elle lui reſſemble hors la couleur qui eſt très-griſe.

La Reinette Rouge a la figure des Reinettes, mais plus ronde & moins groſſe, elle eſt d'un beau rouge ſur un fond blanchâtre, ſa chair eſt ferme & l'eau ſucrée, elle ſe garde aſſez long-tems, mais elle n'eſt pas fort commune.

La plûpart la confondent avec la Reinette Franche.

La Pomme d'Or, ou Reinette d'Angleterre, nommée par les Anglois, *Gould-Pippin*, est un peu plus longue que ronde, & d'une moyenne grosseur & jaune comme de l'or, elle est tiquetée de petits points rouges, elle est sucrée & a le goût plus relevé que la Reinette, elle est fort estimée de tous les Curieux, elle se garde assez de tems, elle nous est venuë d'Angleterre.

La Pomme Violette, est assez grosse, blanchâtre & fouetée de rouge où le Soleil n'a pas donné, & fort chargée de rouge où elle a été découverte, sa chair est fort blanche & fort fine & délicate, l'eau très-douce & sucrée, c'est une bonne Pomme, mais elle ne passe pas l'année, elle a un petit goût de violette, ce qui lui en fait donner le nom.

La Pomme de drap d'or, est grosse, sa peau est semblable à du drap d'or, ce qui fait qu'on la nomme de même, son eau est bonne, sa chair est un peu cottonneuse, elle ne passe pas l'année, elle est estimée des Curieux.

La Pomme Dapy est fort connuë de tout le monde sans la décrire, la petite

est meilleure que la grosse, qu'on nomme Pomme de Rose, parce qu'elle la sent. La premiere devient plus rouge & a un meilleur goût, elle est fort estimée, elle se garde très-long-tems.

La Pomme-Figue sans pepin vient comme une Figue sans fleurir, elle est longuette, d'une moyenne grosseur, elle est plus curieuse que bonne, sa singularité la fait estimer.

Il y a encore beaucoup de sortes de Pommes, mais moins bonnes, & qui ne sont estimés qu'en certains Païs, pour cuire ou pour le cidre.

RAISINS.

Le Raisin Précoce ou Morillon noir hatif, est petit, noir, sucré, & n'est estimé que par sa primeur.

Le Chasselas blanc est un bon Raisin qui meurit parfaitement, quand on a soin de le découvrir, il devient ambré & d'un goût excellent, il se garde long-tems.

Le Chasselas musqué est semblable au Chasselas blanc pour la couleur, mais il est musqué, il meurit parfaitement & de bonne heure; c'est un excellent Raisin, il n'est pas fort connu.

Le Chasselas Rouge n'est different des autres que par sa couleur, c'est un bon Raisin, il est rare.

Le Cioutat ou Raisin d'Autriche, est presque semblable au Chasselas pour son goût & pour sa couleur, sa feüille est découpée comme celle du persil.

Le Corinthe blanc est petit, rond, sans pepin, il est très-sucré & passe vîte, c'est un excellent Raisin.

Le Corinthe rouge est tout semblable au blanc, hors qu'il est rouge, il est aussi bon & sans pepin.

Le Muscat blanc est un excellent raisin, très-musqué, d'un goût très-relevé, il a de la peine à meurir dans les années froides, il faut l'éclaircir pour que les grains soient moins serrés, pour lors il meurit mieux.

Les Muscats rouges & les violets sont semblables aux précedens hors leur couleur, ils meurissent mieux, parce qu'ils sont moins serrez, ils sont très-excellens & fort estimés.

Le Muscat d'Alexandrie ou Passe-Longue Musqué est excellent, se garde beaucoup de tems, il a de la peine à meurir dans les années & dans les terres froides.

Le Muscat d'Alexandrie rouge, est tout semblable au blanc, hors qu'il est rouge, il est fort rare & fort estimé des curieux.

Le Raisin pannaché de noir & de blanc, n'est estimé que par sa singularité.

Le Bourdelais ou Verjus, est excellent pour confire & pour le Verjus.

Il y a beaucoup de sortes de Raisins qui sont curieux & qui meurissent difficilement, comme les Cornichons rouges & blancs, le Grec, &c.

FIGUES.

La Blanche-ronde, est grosse, charge beaucoup dans le printems & l'automne, elle a le grain petit, la chair très-sucrée, & le goût très-relevé.

La Blanche-longue est tout-à-fait semblable à la ronde pour sa bonté, mais elle charge moins dans le printems, elle meurit fort bien dans les automnes chaudes.

Les Violettes sont de deux sortes. La grosse longue, & la ronde qui est plus petite : elles sont de beaucoup inférieures aux blanches, elles chargent moins dans le printems, & elles meurissent difficilement l'automne.

Il y a encore beaucoup de sortes de Figues qui ne réüssissent point dans notre climat.

AZEROLLES.

L'Azerolle blanche est grosse , & blancheatre , elle ne charge bien qu'en Espalier, ses feüilles sont decoupées & argentées.

L'Azerolle rouge est moins grosse, ses feüilles sont larges sans decoupure, mais dentelées , elle charge par bouquet,& parfaitement en plein air , elle est estimée pour les confitures.

NEFLES.

La grosse Nefle est fort grosse & son bois gros , ses feüilles sont larges.

La Nefle sans pepin est petite,mais estimée par sa rareté.

L'Epine-Vinette sans pepin est petite, mais fort estimée par sa rareté.

AMANDIERS.

Il y a de plusieurs sortes d'Amandiers , comme la grosse Amande , la petite & l'amere : mais celle qui a la coque tendre est la plus recherchée.

Permis d'imprimer & afficher le 26. Septembre 1736. HERAULT.

Abricots

Cerises.

Prunes.

le   S.t Germain ---------------------------- 30
le   Sucré verd ---------------------------- 25
la   Verte longue ou mouille bouche --------- 24
la   Verte longue panachée ou suisse -------- 24
la   Virgouleuse --------------------------- 28

Pommes.

la   Calville d'eté ------------------------- 33
la   Calville blanche ---------------------- 34
la   Calville rouge ------------------------ 34
le   Fenouillet gris, ou pomme d'Anis ------ 34
le   Fenouillet rouge, ou bardin, ou Courpendüe 35
la   Pomme d'apy --------------------------- 36
la   Pomme d'or, ou reinette d'Angletterre --- 36
la   Pomme de drap d'or -------------------- 36
la   Pomme violette ------------------------ 36
la   Pomme figue sans pepin ---------------- 37
le   Rambour franc ------------------------- 34
la   Reinette franche ---------------------- 35
la   Reinette grise ------------------------ 35
la   Reinette rouge ------------------------ 35